Bibliografische Information der Deutschen Nationalbibliothek:

Die Deutsche Bibliothek verzeichnet diese Publikation in der Deutschen National-
bibliografie; detaillierte bibliografische Daten sind im Internet über http://dnb.d-
nb.de/ abrufbar.

Impressum:

Copyright © 2014 GRIN Verlag, Open Publishing GmbH
Druck und Bindung: Books on Demand GmbH, Norderstedt Germany
ISBN: 978-3-668-10581-2

Dieses Buch bei GRIN:

http://www.grin.com/de/e-book/307729/unterschiede-in-der-einstellung-von-
maennern-und-frauen-zu-leistungsmotivation

Linda Kajuth

Unterschiede in der Einstellung von Männern und Frauen zu Leistungsmotivation, Zufriedenheit im Job, Kochen und Konfrontationsbereitschaft

GRIN Verlag

GRIN - Your knowledge has value

Der GRIN Verlag publiziert seit 1998 wissenschaftliche Arbeiten von Studenten, Hochschullehrern und anderen Akademikern als eBook und gedrucktes Buch. Die Verlagswebsite www.grin.com ist die ideale Plattform zur Veröffentlichung von Hausarbeiten, Abschlussarbeiten, wissenschaftlichen Aufsätzen, Dissertationen und Fachbüchern.

Besuchen Sie uns im Internet:

http://www.grin.com/

http://www.facebook.com/grincom

http://www.twitter.com/grin_com

Unterschiede bezüglich der Einstellung von Männern und Frauen

Abschließende Hausarbeit des Moduls

Forschungsmethoden und Statistik

Vorgelegt von:

Linda Kajuth

Datum der Abgabe:

22.07.2014

Inhaltsverzeichnis

Abkürzungsverzeichnis

ZmbS   Zufriedenheit mit der beruflichen Situation

FaK   Freude am Kochen

LM   Leistungsmotivation

KB   Konfrontationsbereitschaft

Tabellenverzeichnis

Abbildungsverzeichnis

1. Zusammenfassung / Abstract

Im Rahmen dieser Hausarbeit wurden die Unterschiede von zwei gesell-schaftlichen Gruppen, nämlich Männern und Frauen, in Bezug auf bestimmte Einstellungsbereiche untersucht. Dabei ging es speziell um die Einstellungsbereiche Leistungsmotivation, Zufriedenheit mit der beruflichen Situation, Freude am Kochen und Konfrontationsbereitschaft.

Zu diesen Themen wurden insgesamt 40 Personen, davon 20 Männer und 20 Frauen in einer Online-Umfrage befragt. Darin fanden sich 20 Items, also fünf für jedes Themengebiet, welche auf einer 5-stufigen Likert-Skala bewertet wurden. Zudem enthielt der Fragebogen je eine Frage zu Geschlecht, Alter und Lebensform der Probanden.

Die gewonnenen Daten wurden auf Basis der deskriptiven Statistik untersucht und ausgewertet. Um mögliche Zusammenhänge zwischen Alter und Geschlecht, ebenso wie zwischen Lebensform und Geschlecht auszuschließen, welche die Ergebnisse beeinflussen könnten, wurde jeweils ein Chi^2-Test durchgeführt. Die Ergebnisse zeigten hier keine Zusammenhänge auf.

Die Ergebnisse der Hauptfragestellung fielen folgendermaßen aus. In keinem der vier Themenbereiche konnten signifikante Unterschiede zwischen den Geschlechtern beobachtet werden. Den größten Mittelwertunterschied zwischen Männern und Frauen zeigte sich bei der Freude am Kochen, welcher allerdings unter dem zuvor festgelegten Grenzwert von einem Punkt Unterschied auf der Likert-Skala lag.

2. Einführung und Hypothesen

Unser Alltagswissen verleitet uns oft dazu stereotype Aussagen zu treffen und voreilige Schlüsse zu ziehen. So scheint es heute unumstritten, dass Männer und Frauen sich in vielen Lebensbereichen unterscheiden. Stereotype Meinungen, wie z.b., dass Frauen nicht einparken können und Männer grundsätzlich unsensibel sind, halten sich nicht nur in unseren Köpfen, sondern sind auch beliebte Themen für Zeitungsartikel und Bücher. Somit ist wissenschaftliche Forschung essentiell, um Vermutungen und Hypothesen zu überprüfen und von naivem Alltagswissen abzugrenzen, welches durch Vorurteile und Halbwissen geprägt ist und somit Basis fataler Entscheidungen sein kann (Diekmann 2007, S.32f). Die psychologische Forschung setzte sich ebenfalls mit diesem Thema auseinander und liefert wertvolle Fakten, um den Wahrheitsgehalt solch alltagspsychologischer Aussagen zu überprüfen. So wurde nachgewiesen, dass bei kognitiven Geschlechtsunterschieden besonders die hirnstrukturellen Unterschiede ebenso wie geschlechtshormonelle Einflüsse ausschlaggebende Faktoren darstellen. Zudem wirken sich auch soziokulturelle Faktoren wie die Geschlechterrolle und Geschlechtsstereotype auf das Denken, Fühlen und Verhalten von Männern und Frauen aus (Hausmann, 2007, S.121).

In dieser Arbeit soll es speziell um die Untersuchung der unterschiedlichen Einstellungen von Männern und Frauen zu vier verschiedenen Themenbereichen gehen. Die Einstellung wird nach Myers (2008) definiert als die „Überzeugung oder das Gefühl, das Menschen dazu prädisponiert, in einer bestimmten Art und Weise auf Dinge, Menschen und Ereignisse zu reagieren". Unsere Denkweise wirkt sich demnach auch konkret auf unser Verhalten aus. Allerdings kann man aus dem Verhalten keine objektiven Rückschlüsse auf die Einstellung eines Menschen ziehen, da auch andere Faktoren, wie z.B. die äußere Situation zu dem gezeigten Verhalten führen können (Myers, 2008, S.640). Auch die eingenommene Rolle beeinflusst unsere Einstellung, da man sich an den entsprechenden gesellschaftlichen Vorgaben bezüglich dieser Rolle orientiert (Myers, 2008, S.641). So fühlt sich eine neue Rolle zu Beginn oft künstlich und unreal an und man mag denken, dass man die Rolle eigentlich nur spielt. Durch das wiederholte, der Rolle entsprechende Verhalten, fühlt sich jenes allerdings mit der Zeit wie ein natürliches Verhalten an. Die Theorie der kognitiven Dissonanz bietet eine Erklärung dafür, was passiert, wenn unser Verhalten nicht im Einklang mit unserer Einstellung steht. Sie besagt, dass Menschen einen unangenehmen Spannungszustand verspüren, wenn ihr Verhalten nicht ihrer Einstellung entspricht. Um diese wahrgenommene Dissonanz zu verringern, passen wir unsere Einstellung unserem Verhalten an, um uns selbst gegenüber nicht inkonsistent zu erscheinen (Myers, 2008, S. 642). Dieses Prinzip macht sich auch die Verhaltenstherapie zu Gute, indem sie dazu anhält unser Verhalten dahingehend zu verändern, dass sich schließlich auch unsere Einstellung in die gewünschte Richtung verändert.

Aus diesen Ergebnissen könnte man schlussfolgern, dass die unterschiedlichen Einstellungen von Männern und Frauen auf dem gesellschaftlichen geschlechtsspezifischen Rollenbild basieren. Die in dieser Arbeit untersuchten Einstellungen bezüglich der Leistungsmotivation, der Zufriedenheit mit der beruflichen Situation, der Freude am Kochen und der Konfrontationsbereitschaft assoziiert man schnell leichtfertig mit einer stärkeren Ausprägung bei dem jeweiligen Geschlecht. So würde man vielleicht vermuten, dass bei Frauen die Freude am Kochen ausgeprägter ist als bei Männern, weil man Kochen nach der typischen Geschlechterrolle automatisch mit der Frau in Verbindung bringt. Die Ergebnisse der Studie „Wer kocht lieber?" bestätigen diese Vermutung, da ca. 60% der Befragten angaben, dass Frauen lieber kochen (Electrolux, 2010).

Bezüglich der Leistungsmotivation gibt es bereits Untersuchungen, die besagen, dass es keine Unterschiede zwischen Männern und Frauen gibt. Die Leistungsmotivation der Frauen ist allerding breiter gefächert, während sie sich bei Männern hauptsächlich auf wissenschaftliche, geistigkulturelle, sportliche und unternehmerisch-wirtschaftliche Bereiche beschränkt (Herber, 1998).

Wenn es um die Zufriedenheit mit der Beruflichen Situation geht, gibt es laut einer GfK-Umfrage (zit. nach RP-Online, 2011) keine großen Unterschiede zwischen den Geschlechtern, da lediglich zwei Prozent mehr Männer als Frauen mit ihrer Arbeitsstelle zufrieden waren.

Die Konfrontationsbereitschaft ist ein Aspekt, zu dem bisher kaum psychologische Studien vorliegen. Allerdings wird diese vorwiegend im beruflichen Umfeld männlichen Personen zugeschrieben, da diese bereits im Kindesalter lernen sich Hierarchiepositionen zu erkämpfen und Macht durch Auseinandersetzungen zu erlangen. Frauen tendieren dazu, Konfrontationen im beruflichen Umfeld zu meiden, da sie sie als unangenehm empfinden und das Gesagte eher persönlich nehmen (Meuselbach).

Erkenntnisse zu den unterschiedlichen Einstellungen zwischen Männern und Frauen können nicht nur gesellschaftliche Annahmen bestätigen bzw. widerlegen, sondern können auch auf wirtschaftlicher Ebene relevant sein. So könnten Werbe- und Marketingexperten durch gezieltes Wissen über geschlechterspezifische Einstellungen ihre Werbung so konzipieren, dass sie dem geschlechtsspezifischen Verhalten oder der jeweiligen Einstellung entsprechen, um ihre Werbung so zielgruppengerechter und wirksamer zu gestalten. In Zeiten, in der die Diskussion zu unterschiedlichen Behandlung und Aufstiegschancen von Männern und Frauen stets aktuell ist, könnten die Ergebnisse dieser Untersuchung Aufschluss über die Ursachen dieses Phänomens geben und eine Grundlage für weitere Forschungen bieten.

In dieser Studie geht es darum, in einfacher Weise Unterschiede zwischen den gesellschaftlichen Gruppen Männern und Frauen bezüglich ihrer Einstellungen zu den oben genannten Themenbereichen aufzuzeigen.

Hierzu wurde folgende Nullhypothese (H0) aufgestellt: Es bestehen keinerlei Unterschiede zwischen den beiden gesellschaftlichen Gruppen Männer und Frauen hinsichtlich ihrer Einstellungen zu den vier genannten Themenbereichen.

Die vier Alternativhypothesen lauten:

(H1): Männer und Frauen unterscheiden sich in ihrer Einstellung bezüglich der Freude am Kochen. Dies äußert sich in einem Mittelwertunterschied zwischen Männern und Frauen von mindestens einem Punkt.

(H2): Männer und Frauen unterscheiden sich in ihrer Einstellung bezüglich der Leistungsmotivation. Dies äußert sich in einem Mittelwertunterschied zwischen Männern und Frauen von mindestens einem Punkt.

(H3): Männer und Frauen unterscheiden sich in ihrer Einstellung bezüglich der Zufriedenheit im Beruf. Dies äußert sich in einem Mittelwertunterschied zwischen Männern und Frauen von mindestens einem Punkt.

(H4): Männer und Frauen unterscheiden sich in ihrer Einstellung bezüglich ihrer Konfrontationsbereitschaft. Dies äußert sich in einem Mittelwertunterschied zwischen Männern und Frauen von mindestens einem Punkt.

3. Methoden

Zur Überprüfung der oben genannten Hypothesen wurde ein Fragebogen konstruiert, welcher die persönlichen Einschätzungen und Einstellungen der Befragten evaluiert. Somit handelt es sich um ein rein korrelatives Untersuchungsdesign und es wurden keine variierenden Bedingungen erzeugt und untersucht.

Der Fragebogen (siehe Anlage B) enthält insgesamt 20 Items, also fünf zu jedem der vier Einstellungsbereiche. Außerdem werden das Geschlecht, das Alter und die Lebensform abgefragt.

Die Befragten konnten die Items auf einer fünfstufigen Likert-Skala bewerten. Die Entscheidung, diese Form der Likert-Skala zu verwenden, begründet sich darin, dass hier ein bestimmter Wert, in diesem Fall der Wert 3, die genaue Mitte angibt. Eine siebenstufige Differenzierung auf der Skala kann aufgrund der recht einfach gehaltenen Items keine größere Aussagekraft bieten. Dabei wurde folgende Bezeichnung der Skalenwerte festgelegt: 1 = trifft überhaupt nicht zu; 2 = trifft eher nicht zu; 3 = unentschieden; 4 = trifft eher zu; 5 = trifft voll zu.

Aufgrund der als gleichgroß wahrgenommen Unterschiede zwischen den Skalenwerten können die Ergebnisse auf einer Intervallskala angegeben werden.

Die von mir selbst konstruierten Items lauten wie folgt:

Leistungsmotivation

1. In Zusammenarbeit mit anderen zeige ich größeren Einsatz als meine Mitstreiter.

2. Wenn ich mir ein Ziel gesetzt habe, gebe ich mein Bestes, um es zu erreichen.

3. Es ist mir wichtig, von anderen Anerkennung für meine Erfolge zu bekommen.

4. Ich bin gewöhnlich bereit dazu, gewisse Risiken einzugehen, um etwas zu erreichen.

5. Um meine Leistung zu steigern, bin ich bereit, Neues dazu zu lernen.

Freude am Kochen

1. Ich probiere beim Kochen gerne neue Gerichte aus.

2. Es macht mir Spaß für andere zu kochen.

3. Zum Kochen nehme ich mir gerne Zeit.

4. Es bereitet mir Freude aufwendige Gerichte zu kochen.

5. Beim Kochen bringe ich viel Kreativität ein.

Zufriedenheit im Beruf

1. Ich gehe gerne meiner Arbeit nach.

2. Ich kann mich in meinem Beruf selbst verwirklichen.

3. Ich fühle mich durch meine Arbeit selten gestresst.

4. Neben dem Beruf habe ich noch genug Zeit für Freizeitaktivitäten.

5. In meinem Beruf kann ich mein volles Potential ausschöpfen.

Konfrontationsbereitschaft

1. Ich lasse mich durch unwohle oder ängstliche Gefühle nicht von der Erreichung meiner Ziele abbringen.

2. Ich versuche aufgetretene Konflikte aktiv zu lösen.

3. Wenn mich an jemandem etwas stört, sage ich ihm das aufrichtig.

4. Ich habe keine Hemmungen in einen Konkurrenzkampf mit jemandem zu treten, um meine Ziele zu verwirklichen.

5. Ich vertrete meine eigenen Interessen stets, auch wenn andere mich unter Druck setzten.

Diese Items wurden in gemischter Form in einer Onlineumfrage von 20 weiblichen und 20 männlichen Teilnehmern beantwortet. Voraussetzung für die Teilnahme war, dass die Befragten ein Mindestalter von 16 Jahren hatten, da vor allem Fragen bezüglich der Arbeitszufriedenheit bei jüngeren Personen zu keinen bzw. zu wenig aussagekräftigen Antworten geführt hätten. Zudem verlangten Fragen zur Arbeitszufriedenheit, dass die Personen bereits einer Form der Beschäftigung nachgehen bzw. in der Vergangenheit nachgingen.

Die Stichprobe besteht aus meinem Freundes- und Verwandtenkreis, ebenso wie aus Gruppenmitgliedern der Facebook Gruppe einer Hochschule. Aufgrund der direkten Rückführung der Onlinefragebögen durch das Programm konnte den Teilnehmern absolute Anonymität gewährleistet werden.

Aus der nach Abschluss der Umfrage erstellten Rohdatentabelle wurden anschließend die Mittelwerte der jeweils fünf Items der vier untersuchten Variablen gebildet, welchen anschließend als Basis zu weiteren Messverfahren der deskriptiven Statistik dienten.

Interferenzstatistische Untersuchungen, wie z.B. die Berechnung des Standardfehlers oder von Konfidenzintervallen wären aufgrund der kleinen Stichprobe nötig, um die Aussagekraft und die Validität der deskriptiven Ergebnisse zu testen. Diese wurden allerdings aufgrund des beschränkten Rahmens dieser Arbeit vernachlässigt.

Um sicherzustellen, dass die Ergebnisse nicht durch mögliche Zusammenhänge zwischen Geschlecht und Alter oder zwischen Geschlecht und Lebensform zustande kommen, wurde abschließen jeweils ein Chi²-Test durchgeführt.

4. Ergebnisse

Insgesamt nahmen an der Umfrage 20 Männer und 20 Frauen teil. Die
Altersverteilung und die Verteilung nach Lebensform ist in Abbildung
4.1 und 4.2 dargestellt. Die y-Achse zeigt hier die Anzahl der Personen
an, während die x-Achse die Altersgruppe bzw. die Lebensform angibt.
Zu sehen ist, dass der Großteil der Befragten im Alter zwischen 15 und
55 Jahre ist, da nur 3 Befragte höheren Alters befragt wurden. In Abbildung 4.2 kann man sehen, dass jeweils gleich viele männliche und weib-
liche Befragte einer Lebensform an der Umfrage teilnahmen, wobei die
Mehrheit der Befragten verheiratet ist oder in einer Beziehung lebt.

Abb. 4.1: Altersverteilung

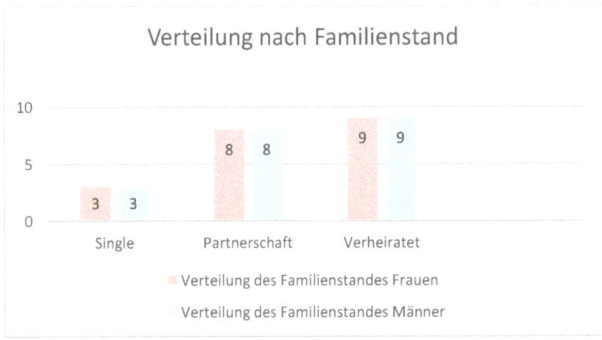

Abb.4.2: Verteilung nach Familienstand

Zu Beginn der Auswertung wurden die jeweils fünf Items der vier Einstellungsbereiche zu vier Indizes zusammengefasst, indem zu jedem das arithmetische Mittel berechnet wurde.

Abb. 4.3 zeigt die Mittelwerte und die Standartabweichung der jeweiligen Indizes an. Dabei entspricht die x-Achse den Einstellungsbereichen ZmbS, FaK, KB und LM. Die y-Achse beschreibt die Bewertung auf der Likert-Skala, wobei 1 eine negative Einstellung und 5 eine positive Einstellung zu den Themenbereichen kennzeichnet.

Es wird deutlich, dass alle Mittelwerte über dem neutralen Skalenpunkt mit dem Wert 3 liegen. Die Standardabweichung, welche durch die schwarzen Linien gekennzeichnet ist, reicht von 0,65 bis 1,15.

Mit einem Wert von 3,295 kann die ZmbS ebenso wie die FaK mit einem Mittelwert von 3,315 als unentschieden mit einer leichten Tendenz zu einer positiven Einstellung diesbezüglich interpretiert werden. Allerdings zeigt die Standardabweichung von 1,15 bei der FaK, dass die Bewertungen weiter gestreut sind, also dass vermutlich einige sehr hohe und einige sehr niedrige Bewertungen in die Umfrage eingingen.

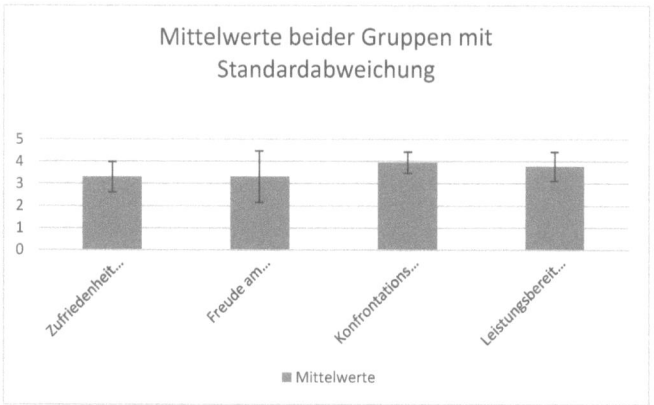

Abb.4.3: Mittelwerte beider Gruppen mit Standardabweichung

Die KB weist mit 3,96 den höchsten Mittelwert auf und zeigt mit der dem kleinsten Wert der Standardabweichungen von 0,48 an, dass die Befragten mit hoher Wahrscheinlichkeit einen Wert von 3 oder höher angegeben haben. Auch die LM ist recht hoch, mit einem Mittelwert von 3,78 und einer Standartabweichung von 0,65.

Tabelle 4.1 zeigt eine Übersicht über die berechneten Maße der zentralen Tendenz und die Dispersionmaße. Die Werte unterstützen die oben genannten Beobachtungen, da ähnliche Werte von Mittelwert, Median und Modalwert bei allen Indizes von einer normalen Verteilung zeugen. Ein hoher Wert der Range bei der FaK unterstützt die Aussage, dass bei diesem Index sowohl besonders hohe als auch niedrige Werte in der Umfrage angegeben wurden.

	ZmB	FaK	KB	LM
Mittelwert	3,295	3,315	3,955	3,78
Median	3,2	3,4	3,9	3,8
Modalwert	3,2	2,4	3,8	3,4
Standartabweichung	0,69	1,15	0,48	0,65
Varianz	0,47	1,33	0,23	0,42
Range	3,2	4	2	2,8

Tab. 4.1: Übersicht über die Maße der zentralen Tendenz und Dispersionmaße

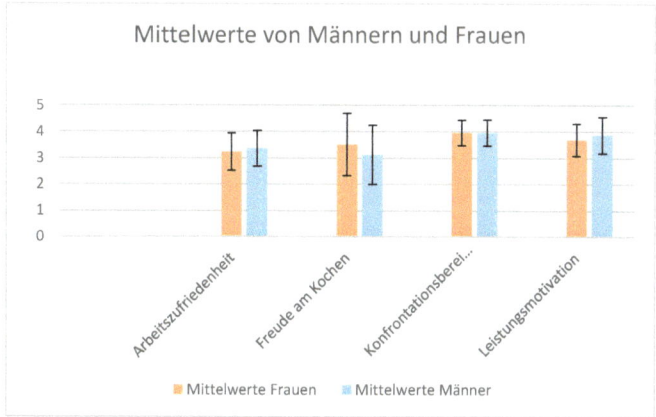

Abb. 4.4: Mittelwerte von Männern und Frauen

Abbildung 4.4 stellt die Mittelwerte von Männern und Frauen gegenüber. Es fällt auf, dass die Mittelwerte der Männer bei allen Variablen etwas höher ausfallen, als die der Frauen außer bei der FaK.

Die genauen Mittelwertunterschiede betragen dabei 0,13 bei der ZmbS, 0,01 bei der KB und 0,18 bei der LM. Der größte Unterschied zeigt sich bei der FaK, wobei der Mittelwert der Frauen um 0,39 höher ist als der der Männer. Um die Aussagekraft der Mittelwerte bewerten zu können, müssen auch die Standardabweichungen, welche wieder durch die schwarzen Linien verdeutlicht wird, berücksichtigt werden.

Die Standardabweichungen von Männern und Frauen sind bei allen Variablen ungefähr gleich hoch. Das heißt, dass die Verteilung um die Mittelwerte bei beiden Geschlechtern ähnlich aussieht und die Mittelwerte daher eine gute Interpretationsbasis bieten. Die Werte des Medians, der Range und des Modalwertes beider Geschlechter weisen ebenfalls nicht auf relevante Verteilungsunterschiede hin.

Somit führen die sehr geringen Mittelwertunterschiede, welche die Annahmebedingung von einem Unterschied von mindestens einem Punkt nicht erfüllen, dazu, die vier Alternativhypothesen zu verwerfen und die Nullhypothese anzunehmen. Nach den Ergebnissen der deskriptiven Statistik dieser Untersuchung bestehen keine Unterschiede zwischen den Einstellungen von Männern und Frauen in den vier Bereichen. Da kein Signifikanztest durchgeführt wurde, haben die Ergebnisse allerdings nur beschränkte Gültigkeit.

Des Weiteren wurde untersucht, ob ein Zusammenhang zwischen Alter und Geschlecht bzw. zwischen Lebensform und Geschlecht bezüglich der Einstellungen besteht, welcher die bisherigen Ergebnisse beeinflusst haben könnte. Dazu wurden die Mittelwerte der einzelnen Personen nach Geschlecht und Alter bzw. nach Geschlecht und Lebensform sortiert. Aus den einzelnen Gruppen wurden erneut die Mittelwerte berechnet. Dabei wurden die drei Personen, die eine Altersklasse allein besetzten, vernachlässigt, da mit ihren Werten kein Mittelwert gebildet werden kann.

Anhand der Abbildungen 4.5 und 4.6 kann man sehen, dass durchaus signifikante Unterschiede zwischen den Altersgruppen in Bezug auf die Einstellungen zur FaK bestehen. Bei den Männern zeigt sich hier ein Mittelwertunterschied größer als ein Punkt zwischen der Altersklasse 46 - 55 Jahre und den restlichen Altersgruppen. Bei den weiblichen Befragten besteht ein signifikanter Unterschied bezüglich der FaK bei den Altersklassen 16 - 25 und 46 - 55 im Vergleich zu den 26 - 35-jährigen. Alle anderen Einstellungsbereiche weisen keine signifikanten Unterschiede zwischen den Altersgruppen auf. Hinsichtlich der Lebensform weisen die vier Indizes weder bei Männern noch bei Frauen signifikante Unterschiede auf.

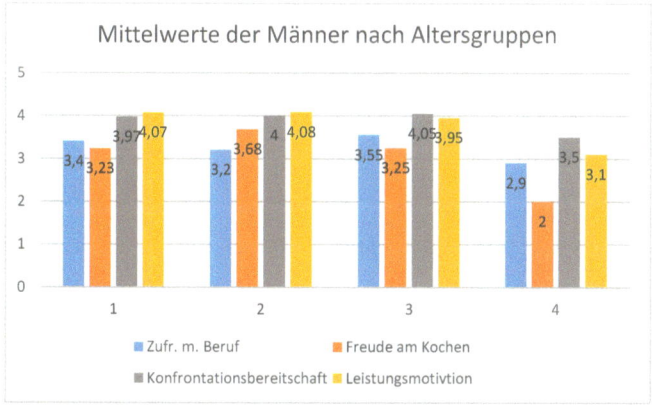

Abb. 4.5: Mittelwerte der Männer nach Altersgruppen

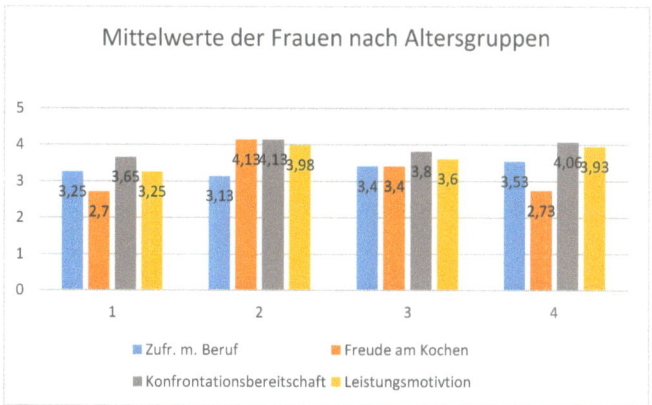

Abb. 4.6: Mittelwerte der Frauen nach Altersgruppe

Abschließend wurde ein Chi²-Test durchgeführt, um den möglichen statistischen Zusammenhang zwischen Geschlecht und Alter und Geschlecht und die Lebensform zu überprüfen. Zu bedenken ist dabei, dass das Geschlecht und Lebensform nominalskaliert sind, während das Alter ordinal skaliert ist. Obwohl der Chi²-Test normalerweise angewandt wird, um zu untersuchen ob zwei nominalskalierte Variablen stochastisch unabhängig sind, kann der Test in diesem Fall auch mit dem ordinalskaliertem Alter durchgeführt werden.

Die erste Nullhypothese (H0) lautet: Alter und Geschlecht sind voneinander stochastisch unabhängig.

Die Alternativhypothese (H1) lautet: Alter und Geschlecht sind voneinander nicht stochastisch unabhängig.

Die genauen Berechnungen befinden sich im Anhang. Mit einem Chi²-Wert von 8,02 und einer Freiheitsgerade von 7 wird der kritische Wert von 14,070[1] auf einem Signifikanzniveau von 0,5 nicht überschritten. Somit ist das Ergebnis nicht signifikant und die Nullhypothese wird angenommen. Geschlecht und Alter zeigen also keinen Zusammenhang. Hierbei ist anzumerken, dass die Werte der Zellen zu oft den Wert fünf unterschreiten und somit eine wichtige Vorraussetzung für den Chi²-Test nicht gegeben ist. Somit ist die Aussagekraft des Ergebnisses fragwürdig.

Für den zweiten Chi²-Test wurden folgende Hypothesen aufgestellt.

Nullhypothese (H0): Geschlecht und Lebensform sind voneinander stochastisch unabhängig.

Alternativhypothese (H1): Geschlecht und Lebensform sind voneinander nicht stochastisch unabhängig.

Bei dieser Rechnung ergibt sich ein Chi²-Wert von 0 und die Freiheitsgerade beträgt 2. Bei einem Signifikanzniveau von 0,5 wird der kritische Wert von 5,991[2] nicht überschritten. Somit wird die Nullhypothese erneut angenommen, da kein signifikanter Zusammenhang zwischen Geschlecht und Lebensform besteht.

---

[1] Dieser Wert wurde der Chi²-Verteilungstabelle aus der Literatur (FOST 4N/H, S.131) entnommen.

[2] Dieser Wert wurde der Chi²-Verteilungstabelle (FOST 4N/H, S.131) aus der Literatur entnommen.

5. Diskussion der Ergebnisse

Aufgrund der Ergebnisse muss die Nullhypothese angenommen werden, dass keine Unterschiede in den vier Einstellungsbereichen zwischen Männern und Frauen bestehen. Aufgrund der kleinen Stichprobe, der fehlenden Untersuchung auf Kausalität und der Unterlassung von Signifikanztests, haben die Ergebnisse nur beschränkte Gültigkeit. Zudem ist auch zu berücksichtigen, dass die Stichproben aus dem persönlichen Umfeld stammen und so die Repräsentativität der Stichprobe nicht gewährleistet ist.

Die Ergebnisse in den Bereichen Leistungsmotivation und der Zufriedenheit mit der beruflichen Situation entsprechen allerdings den zu Beginn genannten bisherigen wissenschaftlichen Erkenntnissen. Wie in der Einführung erläutert, besagen wissenschaftliche Untersuchungen zur Freude am Kochen, dass diese bei Frauen etwas größer sei als bei Männern. Diese Tendenz zeigt sich auch in den Ergebnissen dieser Untersuchung, wobei sie nach den anfangs festgelegten Kriterien nicht signifikant genug waren, um einen klaren Unterschied zwischen den Geschlechtern festzustellen.

Ähnlich verhält es sich mit dem Bereich der Konfrontationsbereitschaft. Um deutlicher Ergebnisse zu erhalten, wäre eine erneute Untersuchung mit einer größeren Stichprobe sinnvoll. Die Relevanz für die Werbebranche hält sich durch die nicht festgestellten Unterschiede zwischen Männern und Frauen in Grenzen.

Interessant könnten allerdings die Ergebnisse der Leistungsmotivation und der Zufriedenheit mit der beruflichen Situation sein. Diese deuten darauf hin, dass eine ungleiche Verteilung von Männern und Frauen in Führungspositionen nicht auf unterschiedliche Einstellungen in arbeitsrelevanten Bereichen zurückzuführen ist. Um dieses Fragestellung zu beantworten, müssten allerdings weitere tiefer gehende Untersuchungen zu dieser Thematik durchgeführt werden.

Literaturverzeichnis

Diekmann, A. (2007) Empirische Sozialforschung. 4. Auflage. Reinbeck: Rohwohlt.

Electrolux. (2010) Gender Cooking - Geschlechtsspezifisches Kochverhalten bei Paaren. Online in Internet: http://newsroom.electrolux.com/at/files/2010/06/Studienergebniss e-Gender-Cooking.pdf. (Zuletzt besucht: 17.07.2014)

Freude am Beruf. Frauen sind zufriedener im Job. (2011) *RP-Online*. http://www.rp-online.de/leben/beruf/frauen-sind-zufriedener-im-job-aid-1.2409700 (Zuletzt besucht: 17.07.2014).

Lautenbacher, S., Güntürkün, O., Hausmann, M. (Hg.). (2007) Gehirn und Geschlecht. Springer.

Meuselbach, S. (Ohne Datum) Kariere-Stolpersteine für Frauen. Machtkämpfe überlasse ich den Männern! Online in Internet: http://www.meuselbach-seminare.de/meuselbach-eigene-artikel.html?file=tl_files/meuselbach/newsletter-download/machtkaempfe.pdf. (Zuletzt besucht: 17.07.2014).

Myers, D.G. (2008) Psychologie. Heidelberg: Springer.

Anlagen

Anlage A: Excel-Tabellen als Datei

Anlage B: Der Fragebogen

Umfrage im Rahmen der Abschlussarbeit im Fach Forschung und Statistik

Im Rahmen meines Studiums führe ich eine Umfrage zu dem Thema "Unterschiede bezüglich der Einstellung bei bestimmten gesellschaftlichen Gruppen" durch. Die erhobenen Daten dienen lediglich als Grundlage für die Abschlussarbeit des Moduls Forschung und Statistik und werden vollständig anonym behandelt. Bitte lesen Sie sich die folgenden Aussagen aufmerksam durch und geben sie anschließend eine Bewertung auf der Skala an.

Geschlecht
- ☐ Männlich
- ☐ Weiblich

Alter
- ☐ 15-25
- ☐ 26-35
- ☐ 36-45
- ☐ 46-55
- ☐ 56-65
- ☐ 66-75
- ☐ 76-85
- ☐ 86-95

Lebensform
- ☐ Single
- ☐ In einer Partnerschaft
- ☐ Ehe oder eheähnliche Gemeinschaft

Ich gehe gerne meiner Arbeit nach.

	1	2	3	4	5	
trifft nicht zu	○	○	○	○	○	trifft zu

Ich probiere beim Kochen gerne neue Gerichte aus.

	1	2	3	4	5	
trifft nicht zu	○	○	○	○	○	trifft zu

Ich bin gewöhnlich bereit dazu, gewisse Risiken einzugehen, um etwas zu erreichen.

	1	2	3	4	5	
trifft nicht zu	○	○	○	○	○	trifft zu

Wenn mich an jemandem etwas stört, sage ich ihm das aufrichtig.

	1	2	3	4	5	
trifft nicht zu	○	○	○	○	○	trifft zu

Ich lasse mich von unwohlen oder ängstlichen Gefühlen nicht von der Erreichung meiner Ziele abbringen.

	1	2	3	4	5	
trifft nicht zu	○	○	○	○	○	trifft zu

Es ist mir wichtig, von anderen Anerkennung für meine Erfolge zu bekommen.

	1	2	3	4	5	
trifft nicht zu	○	○	○	○	○	trifft zu

Es bereitet mir Freude aufwendige Gerichte zu kochen.

	1	2	3	4	5	
trifft nicht zu	○	○	○	○	○	trifft zu

Um meine Leistung zu steigern, bin ich bereit, Neues dazu zu lernen.

	1	2	3	4	5	
trifft nicht zu	○	○	○	○	○	trifft zu

Es macht mir Spaß für andere zu kochen.

	1	2	3	4	5	
trifft nicht zu	○	○	○	○	○	trifft zu

Ich kann mich in meinem Beruf selbst verwirklichen.

      1   2   3   4   5

trifft nicht zu C C C C C trifft zu

Zum Kochen nehme ich mir gerne Zeit.

      1   2   3   4   5

trifft nicht zu C C C C C trifft zu

Wenn ich mir ein Ziel gesetzt habe, gebe ich alles mein Bestes, um es zu erreichen.

      1   2   3   4   5

trifft nicht zu C C C C C trifft zu

Ich fühle mich durch meine Arbeit selten gestresst.

      1   2   3   4   5

trifft nicht zu C C C C C trifft zu

Beim Kochen bringe ich viel Kreativität ein.

      1   2   3   4   5

trifft nicht zu C C C C C trifft zu

Neben dem Beruf habe ich noch genug Zeit für Freizeitaktivitäten.

      1   2   3   4   5

trifft nicht zu C C C C C trifft zu

Ich versuche aufgetretene Konflikte aktiv zu lösen.

      1   2   3   4   5

trifft nicht zu C C C C C trifft zu

Ich habe keine Hemmungen in einen Konkurrenzkampf mit jemandem zu treten, um meine Ziele zu verwirklichen.

      1   2   3   4   5

trifft nicht zu C C C C C trifft zu

In meinem Beruf kann ich mein volles Potential ausschöpfen.

	1	2	3	4	5	
trifft nicht zu	○	○	○	○	○	trifft zu

Ich vertrete meine eigenen Interessen stets, auch wenn andere mich unter Druck setzten.

	1	2	3	4	5	
trifft nicht zu	○	○	○	○	○	trifft zu

In Zusammenarbeit mit anderen zeige ich größeren Einsatz als meine Mitstreiter.

	1	2	3	4	5	
trifft nicht zu	○	○	○	○	○	trifft zu

Anlage C: Berechnung des Chi²-Tests

1. Chi²-Test: Untersuchung des Zusammenhangs zwischen Alter und Geschlecht.

   $X^2 = (4-5)^2/5 + (9-7,5)^2/7,5 + (3-3,5)^2/3,5 + (3-2,5)^2/2,5 + (0-0,5)^2/0,5 + (1-0,5)^2/0,5 + (0-0,5)^2/0,5 + (6-5)^2/5 + (6-7,5)^2/7,5 + (4-3,5)^2/3,5 + (2-2,5)^2/2,5 + (1-0,5)^2/0,5 + (0-0,5)^2/0,5 + (1-0,5)^2/0,5 = 8,02;$

2. Chi²-Test: Untersuchung des Zusammenhangs zwischen Lebensform und Alter

   $X^2 = (3-3)^2/3 + (8-8)^2/8 + (9-9)^2/9 + (3-3)^2/3 + (8-8)^2/8 + (9-9)^2/9 = 0;$

   Anmerkung: Die beobachteten und die erwarteten Werte wurden aus der Excel-Tablle unter „ Werte für Chi²-Test" entnommen.

BEI GRIN MACHT SICH IHR WISSEN BEZAHLT

- Wir veröffentlichen Ihre Hausarbeit,
  Bachelor- und Masterarbeit

- Ihr eigenes eBook und Buch -
  weltweit in allen wichtigen Shops

- Verdienen Sie an jedem Verkauf

Jetzt bei www.GRIN.com hochladen
und kostenlos publizieren